Dieses Buch gehört

MONATSPLANER

Monat

Monatsziele

*
*
*
*
*
*
*

Termine

*
*
*
*
*
*
*

Veranstaltungen

*
*
*
*
*
*
*

Notizen

*
*
*
*
*
*
*

Woche 1

Woche 2

Woche 3

Woche 4

Woche 5

Übersicht

MONATSPLANER

Monat

Monatsziele

*
*
*
*
*
*
*

Termine

*
*
*
*
*
*
*

Veranstaltungen

*
*
*
*
*
*
*

Notizen

*
*
*
*
*
*
*

Woche 1

Woche 2

Woche 3

Woche 4

Woche 5

Übersicht

MONATSPLANER

Monat

Monatsziele

*
*
*
*
*
*
*

Termine

*
*
*
*
*
*
*

Veranstaltungen

*
*
*
*
*
*
*

Notizen

*
*
*
*
*
*
*

Woche 1

Woche 2

Woche 3

Woche 4

Woche 5

Übersicht

MONATSPLANER

Monat

Monatsziele

*
*
*
*
*
*
*

Termine

*
*
*
*
*
*
*

Veranstaltungen

*
*
*
*
*
*
*

Notizen

*
*
*
*
*
*
*

Woche 1

Woche 2

Woche 3

Woche 4

Woche 5

Übersicht

MONATSPLANER

Monat

Monatsziele

*
*
*
*
*
*
*

Termine

*
*
*
*
*
*
*

Veranstaltungen

*
*
*
*
*
*
*

Notizen

*
*
*
*
*
*
*

Woche 1

Woche 2

Woche 3

Woche 4

Woche 5

Übersicht

MONATSPLANER

Monat

Monatsziele

*
*
*
*
*
*
*

Termine

*
*
*
*
*
*
*

Veranstaltungen

*
*
*
*
*
*
*

Notizen

*
*
*
*
*
*
*

Woche 1

Woche 2

Woche 3

Woche 4

Woche 5

Übersicht

MONATSPLANER

Monat

Monatsziele

*
*
*
*
*
*
*

Termine

*
*
*
*
*
*
*

Veranstaltungen

*
*
*
*
*
*
*

Notizen

*
*
*
*
*
*
*

Woche 1

Woche 2

Woche 3

Woche 4

Woche 5

Übersicht

MONATSPLANER

Monat

Monatsziele

*
*
*
*
*
*
*

Termine

*
*
*
*
*
*
*

Veranstaltungen

*
*
*
*
*
*
*

Notizen

*
*
*
*
*
*
*

Woche 1

Woche 2

Woche 3

Woche 4

Woche 5

Übersicht

MONATSPLANER

Monat

Monatsziele

*
*
*
*
*
*
*

Termine

*
*
*
*
*
*
*

Veranstaltungen

*
*
*
*
*
*
*

Notizen

*
*
*
*
*
*
*

Woche 1

Woche 2

Woche 3

Woche 4

Woche 5

Übersicht

MONATSPLANER

Monat

Monatsziele

*
*
*
*
*
*
*

Termine

*
*
*
*
*
*
*

Veranstaltungen

*
*
*
*
*
*
*

Notizen

*
*
*
*
*
*
*

Woche 1

Woche 2

Woche 3

Woche 4

Woche 5

Übersicht

MONATSPLANER

Monat

Monatsziele

*
*
*
*
*
*
*

Termine

*
*
*
*
*
*
*

Veranstaltungen

*
*
*
*
*
*
*

Notizen

*
*
*
*
*
*
*

Woche 1

Woche 2

Woche 3

Woche 4

Woche 5

Übersicht

MONATSPLANER

Monat

Monatsziele

*
*
*
*
*
*
*

Termine

*
*
*
*
*
*
*

Veranstaltungen

*
*
*
*
*
*
*

Notizen

*
*
*
*
*
*
*

Woche 1

Woche 2

Woche 3

Woche 4

Woche 5

Übersicht

MONATSPLANER

Monat

Monatsziele

*
*
*
*
*
*
*

Termine

*
*
*
*
*
*
*

Veranstaltungen

*
*
*
*
*
*
*

Notizen

*
*
*
*
*
*
*

Woche 1

Woche 2

Woche 3

Woche 4

Woche 5

Übersicht

MONATSPLANER

Monat

Monatsziele

*
*
*
*
*
*
*

Termine

*
*
*
*
*
*
*

Veranstaltungen

*
*
*
*
*
*
*

Notizen

*
*
*
*
*
*
*

Woche 1

Woche 2

Woche 3

Woche 4

Woche 5

Übersicht

MONATSPLANER

Monat

Monatsziele

*
*
*
*
*
*
*

Termine

*
*
*
*
*
*
*

Veranstaltungen

*
*
*
*
*
*
*

Notizen

*
*
*
*
*
*
*

Woche 1

Woche 2

Woche 3

Woche 4

Woche 5

Übersicht

MONATSPLANER

Monat

Monatsziele

*
*
*
*
*
*
*

Termine

*
*
*
*
*
*
*

Veranstaltungen

*
*
*
*
*
*
*

Notizen

*
*
*
*
*
*
*

Woche 1

Woche 2

Woche 3

Woche 4

Woche 5

Übersicht

MONATSPLANER

Monat

Monatsziele

*
*
*
*
*
*
*

Termine

*
*
*
*
*
*
*

Veranstaltungen

*
*
*
*
*
*
*

Notizen

*
*
*
*
*
*
*

Woche 1

Woche 2

Woche 3

Woche 4

Woche 5

Übersicht

MONATSPLANER

Monat

Monatsziele

*
*
*
*
*
*
*

Termine

*
*
*
*
*
*
*

Veranstaltungen

*
*
*
*
*
*
*

Notizen

*
*
*
*
*
*
*

Woche 1

Woche 2

Woche 3

Woche 4

Woche 5

Übersicht

MONATSPLANER

Monat

Monatsziele

*
*
*
*
*
*
*

Termine

*
*
*
*
*
*
*

Veranstaltungen

*
*
*
*
*
*
*

Notizen

*
*
*
*
*
*
*

Woche 1

Woche 2

Woche 3

Woche 4

Woche 5

Übersicht

MONATSPLANER

Monat

Monatsziele

*
*
*
*
*
*
*

Termine

*
*
*
*
*
*
*

Veranstaltungen

*
*
*
*
*
*
*

Notizen

*
*
*
*
*
*
*

Woche 1

Woche 2

Woche 3

Woche 4

Woche 5

Übersicht

MONATSPLANER

Monat

Monatsziele

*
*
*
*
*
*
*

Termine

*
*
*
*
*
*
*

Veranstaltungen

*
*
*
*
*
*
*

Notizen

*
*
*
*
*
*
*

Woche 1

Woche 2

Woche 3

Woche 4

Woche 5

Übersicht

MONATSPLANER

Monat

Monatsziele

*
*
*
*
*
*
*

Termine

*
*
*
*
*
*
*

Veranstaltungen

*
*
*
*
*
*
*

Notizen

*
*
*
*
*
*
*

Woche 1

Woche 2

Woche 3

Woche 4

Woche 5

Übersicht

MONATSPLANER

Monat

Monatsziele

*
*
*
*
*
*
*

Termine

*
*
*
*
*
*
*

Veranstaltungen

*
*
*
*
*
*
*

Notizen

*
*
*
*
*
*
*

Woche 1

Woche 2

Woche 3

Woche 4

Woche 5

Übersicht

MONATSPLANER

Monat

Monatsziele

*
*
*
*
*
*
*

Termine

*
*
*
*
*
*
*

Veranstaltungen

*
*
*
*
*
*
*

Notizen

*
*
*
*
*
*
*

Woche 1

Woche 2

Woche 3

Woche 4

Woche 5

Übersicht

MONATSPLANER

Monat

Monatsziele

*
*
*
*
*
*
*

Termine

*
*
*
*
*
*
*

Veranstaltungen

*
*
*
*
*
*
*

Notizen

*
*
*
*
*
*
*

Woche 1

Woche 2

Woche 3

Woche 4

Woche 5

Übersicht

MONATSPLANER

Monat

Monatsziele

*
*
*
*
*
*
*

Termine

*
*
*
*
*
*
*

Veranstaltungen

*
*
*
*
*
*
*

Notizen

*
*
*
*
*
*
*

	Woche 1
	Woche 2
	Woche 3
	Woche 4
	Woche 5

Übersicht

MONATSPLANER

Monat

Monatsziele

*
*
*
*
*
*
*

Termine

*
*
*
*
*
*
*

Veranstaltungen

*
*
*
*
*
*
*

Notizen

*
*
*
*
*
*
*

Woche 1

Woche 2

Woche 3

Woche 4

Woche 5

Übersicht

MONATSPLANER

Monat

Monatsziele

*
*
*
*
*
*
*

Termine

*
*
*
*
*
*
*

Veranstaltungen

*
*
*
*
*
*
*

Notizen

*
*
*
*
*
*
*

Woche 1

Woche 2

Woche 3

Woche 4

Woche 5

Übersicht

MONATSPLANER

Monat

Monatsziele

*
*
*
*
*
*
*

Termine

*
*
*
*
*
*
*

Veranstaltungen

*
*
*
*
*
*
*

Notizen

*
*
*
*
*
*
*

Woche 1

Woche 2

Woche 3

Woche 4

Woche 5

Übersicht

MONATSPLANER

Monat

Monatsziele

*
*
*
*
*
*
*

Termine

*
*
*
*
*
*
*

Veranstaltungen

*
*
*
*
*
*
*

Notizen

*
*
*
*
*
*
*

Woche 1

Woche 2

Woche 3

Woche 4

Woche 5

Übersicht

MONATSPLANER

Monat

Monatsziele

*
*
*
*
*
*
*

Termine

*
*
*
*
*
*
*

Veranstaltungen

*
*
*
*
*
*
*

Notizen

*
*
*
*
*
*
*

Woche 1

Woche 2

Woche 3

Woche 4

Woche 5

Übersicht

MONATSPLANER

Monat

Monatsziele

*
*
*
*
*
*
*

Termine

*
*
*
*
*
*
*

Veranstaltungen

*
*
*
*
*
*
*

Notizen

*
*
*
*
*
*
*

Woche 1

Woche 2

Woche 3

Woche 4

Woche 5

Übersicht

MONATSPLANER

Monat

Monatsziele

*
*
*
*
*
*
*

Termine

*
*
*
*
*
*
*

Veranstaltungen

*
*
*
*
*
*
*

Notizen

*
*
*
*
*
*
*

Woche 1

Woche 2

Woche 3

Woche 4

Woche 5

Übersicht

MONATSPLANER

Monat

Monatsziele

*
*
*
*
*
*
*

Termine

*
*
*
*
*
*
*

Veranstaltungen

*
*
*
*
*
*
*

Notizen

*
*
*
*
*
*
*

Woche 1

Woche 2

Woche 3

Woche 4

Woche 5

Übersicht

MONATSPLANER

Monat

Monatsziele

*
*
*
*
*
*
*

Termine

*
*
*
*
*
*
*

Veranstaltungen

*
*
*
*
*
*
*

Notizen

*
*
*
*
*
*
*

Woche 1

Woche 2

Woche 3

Woche 4

Woche 5

Übersicht

MONATSPLANER

Monat

Monatsziele

*
*
*
*
*
*
*

Termine

*
*
*
*
*
*
*

Veranstaltungen

*
*
*
*
*
*
*

Notizen

*
*
*
*
*
*
*

Woche 1

Woche 2

Woche 3

Woche 4

Woche 5

Übersicht

MONATSPLANER

Monat

Monatsziele

*
*
*
*
*
*
*

Termine

*
*
*
*
*
*
*

Veranstaltungen

*
*
*
*
*
*
*

Notizen

*
*
*
*
*
*
*

Woche 1

Woche 2

Woche 3

Woche 4

Woche 5

Übersicht

MONATSPLANER

Monat

Monatsziele

*
*
*
*
*
*
*

Termine

*
*
*
*
*
*
*

Veranstaltungen

*
*
*
*
*
*
*

Notizen

*
*
*
*
*
*
*

Woche 1

Woche 2

Woche 3

Woche 4

Woche 5

Übersicht

MONATSPLANER

Monat

Monatsziele

*
*
*
*
*
*
*

Termine

*
*
*
*
*
*
*

Veranstaltungen

*
*
*
*
*
*
*

Notizen

*
*
*
*
*
*
*

Woche 1

Woche 2

Woche 3

Woche 4

Woche 5

Übersicht

MONATSPLANER

Monat

Monatsziele

*
*
*
*
*
*
*

Termine

*
*
*
*
*
*
*

Veranstaltungen

*
*
*
*
*
*
*

Notizen

*
*
*
*
*
*
*

Woche 1

Woche 2

Woche 3

Woche 4

Woche 5

Übersicht

MONATSPLANER

Monat

Monatsziele

*
*
*
*
*
*
*

Termine

*
*
*
*
*
*
*

Veranstaltungen

*
*
*
*
*
*
*

Notizen

*
*
*
*
*
*
*

Woche 1

Woche 2

Woche 3

Woche 4

Woche 5

Übersicht

MONATSPLANER

Monat

Monatsziele

*
*
*
*
*
*
*

Termine

*
*
*
*
*
*
*

Veranstaltungen

*
*
*
*
*
*
*

Notizen

*
*
*
*
*
*
*

Woche 1

Woche 2

Woche 3

Woche 4

Woche 5

Übersicht

MONATSPLANER

Monat

Monatsziele

*
*
*
*
*
*
*

Termine

*
*
*
*
*
*
*

Veranstaltungen

*
*
*
*
*
*
*

Notizen

*
*
*
*
*
*
*

Woche 1

Woche 2

Woche 3

Woche 4

Woche 5

Übersicht

MONATSPLANER

Monat

Monatsziele

*
*
*
*
*
*
*

Termine

*
*
*
*
*
*
*

Veranstaltungen

*
*
*
*
*
*
*

Notizen

*
*
*
*
*
*
*

Woche 1

Woche 2

Woche 3

Woche 4

Woche 5

Übersicht

MONATSPLANER

Monat

Monatsziele

*
*
*
*
*
*
*

Termine

*
*
*
*
*
*
*

Veranstaltungen

*
*
*
*
*
*
*

Notizen

*
*
*
*
*
*
*

Woche 1

Woche 2

Woche 3

Woche 4

Woche 5

Übersicht

MONATSPLANER

Monat

Monatsziele

*
*
*
*
*
*
*

Termine

*
*
*
*
*
*
*

Veranstaltungen

*
*
*
*
*
*
*

Notizen

*
*
*
*
*
*
*

Woche 1

Woche 2

Woche 3

Woche 4

Woche 5

Übersicht

MONATSPLANER

Monat

Monatsziele

*
*
*
*
*
*
*

Termine

*
*
*
*
*
*
*

Veranstaltungen

*
*
*
*
*
*
*

Notizen

*
*
*
*
*
*
*

Woche 1

Woche 2

Woche 3

Woche 4

Woche 5

Übersicht

MONATSPLANER

Monat

Monatsziele

*
*
*
*
*
*
*

Termine

*
*
*
*
*
*
*

Veranstaltungen

*
*
*
*
*
*
*

Notizen

*
*
*
*
*
*
*

Woche 1

Woche 2

Woche 3

Woche 4

Woche 5

Übersicht

MONATSPLANER

Monat

Monatsziele

*
*
*
*
*
*
*

Termine

*
*
*
*
*
*
*

Veranstaltungen

*
*
*
*
*
*
*

Notizen

*
*
*
*
*
*
*

Woche 1

Woche 2

Woche 3

Woche 4

Woche 5

Übersicht

MONATSPLANER

Monat

Monatsziele

*
*
*
*
*
*
*

Termine

*
*
*
*
*
*
*

Veranstaltungen

*
*
*
*
*
*
*

Notizen

*
*
*
*
*
*
*

Woche 1

Woche 2

Woche 3

Woche 4

Woche 5

Übersicht

MONATSPLANER

Monat

Monatsziele

*
*
*
*
*
*
*

Termine

*
*
*
*
*
*
*

Veranstaltungen

*
*
*
*
*
*
*

Notizen

*
*
*
*
*
*
*

Woche 1

Woche 2

Woche 3

Woche 4

Woche 5

Übersicht

MONATSPLANER

Monat

Monatsziele

*
*
*
*
*
*
*

Termine

*
*
*
*
*
*
*

Veranstaltungen

*
*
*
*
*
*
*

Notizen

*
*
*
*
*
*
*

Woche 1

Woche 2

Woche 3

Woche 4

Woche 5

Übersicht

MONATSPLANER

Monat

Monatsziele

*
*
*
*
*
*
*

Termine

*
*
*
*
*
*
*

Veranstaltungen

*
*
*
*
*
*
*

Notizen

*
*
*
*
*
*
*

Woche 1

Woche 2

Woche 3

Woche 4

Woche 5

Übersicht

MONATSPLANER

Monat

Monatsziele

*
*
*
*
*
*
*

Termine

*
*
*
*
*
*
*

Veranstaltungen

*
*
*
*
*
*
*

Notizen

*
*
*
*
*
*
*

Woche 1

Woche 2

Woche 3

Woche 4

Woche 5

Übersicht

MONATSPLANER

Monat

Monatsziele

*
*
*
*
*
*
*

Termine

*
*
*
*
*
*
*

Veranstaltungen

*
*
*
*
*
*
*

Notizen

*
*
*
*
*
*
*

Woche 1

Woche 2

Woche 3

Woche 4

Woche 5

Übersicht

MONATSPLANER

Monat

Monatsziele

*
*
*
*
*
*
*

Termine

*
*
*
*
*
*
*

Veranstaltungen

*
*
*
*
*
*
*

Notizen

*
*
*
*
*
*
*

Woche 1

Woche 2

Woche 3

Woche 4

Woche 5

Übersicht

MONATSPLANER

Monat

Monatsziele

*
*
*
*
*
*
*

Termine

*
*
*
*
*
*
*

Veranstaltungen

*
*
*
*
*
*
*

Notizen

*
*
*
*
*
*
*

Woche 1

Woche 2

Woche 3

Woche 4

Woche 5

Übersicht

MONATSPLANER

Monat

Monatsziele

*
*
*
*
*
*
*

Termine

*
*
*
*
*
*
*

Veranstaltungen

*
*
*
*
*
*
*

Notizen

*
*
*
*
*
*
*

Woche 1

Woche 2

Woche 3

Woche 4

Woche 5

Übersicht

MONATSPLANER

Monat

Monatsziele

*
*
*
*
*
*
*

Termine

*
*
*
*
*
*
*

Veranstaltungen

*
*
*
*
*
*
*

Notizen

*
*
*
*
*
*
*

Woche 1

Woche 2

Woche 3

Woche 4

Woche 5

Übersicht

MONATSPLANER

Monat

Monatsziele

*
*
*
*
*
*
*

Termine

*
*
*
*
*
*
*

Veranstaltungen

*
*
*
*
*
*
*

Notizen

*
*
*
*
*
*
*

Woche 1

Woche 2

Woche 3

Woche 4

Woche 5

Übersicht

MONATSPLANER

Monat

Monatsziele

*
*
*
*
*
*
*

Termine

*
*
*
*
*
*
*

Veranstaltungen

*
*
*
*
*
*
*

Notizen

*
*
*
*
*
*
*

Woche 1

Woche 2

Woche 3

Woche 4

Woche 5

Übersicht

MONATSPLANER

Monat

Monatsziele

*
*
*
*
*
*
*

Termine

*
*
*
*
*
*
*

Veranstaltungen

*
*
*
*
*
*
*

Notizen

*
*
*
*
*
*
*

Woche 1

Woche 2

Woche 3

Woche 4

Woche 5

Übersicht

MONATSPLANER

Monat

Monatsziele

*
*
*
*
*
*
*

Termine

*
*
*
*
*
*
*

Veranstaltungen

*
*
*
*
*
*
*

Notizen

*
*
*
*
*
*
*

Woche 1

Woche 2

Woche 3

Woche 4

Woche 5

Übersicht

MONATSPLANER

Monat

Monatsziele

*
*
*
*
*
*
*

Termine

*
*
*
*
*
*
*

Veranstaltungen

*
*
*
*
*
*
*

Notizen

*
*
*
*
*
*
*

Woche 1

Woche 2

Woche 3

Woche 4

Woche 5

Übersicht

MONATSPLANER

Monat

Monatsziele

*
*
*
*
*
*
*

Termine

*
*
*
*
*
*
*

Veranstaltungen

*
*
*
*
*
*
*

Notizen

*
*
*
*
*
*
*

Woche 1

Woche 2

Woche 3

Woche 4

Woche 5

Übersicht

MONATSPLANER

Monat

Monatsziele

*
*
*
*
*
*
*

Termine

*
*
*
*
*
*
*

Veranstaltungen

*
*
*
*
*
*
*

Notizen

*
*
*
*
*
*
*

Woche 1

Woche 2

Woche 3

Woche 4

Woche 5

Übersicht

MONATSPLANER

Monat

Monatsziele

*
*
*
*
*
*
*

Termine

*
*
*
*
*
*
*

Veranstaltungen

*
*
*
*
*
*
*

Notizen

*
*
*
*
*
*
*

Woche 1

Woche 2

Woche 3

Woche 4

Woche 5

Übersicht

MONATSPLANER

Monat

Monatsziele

*
*
*
*
*
*
*

Termine

*
*
*
*
*
*
*

Veranstaltungen

*
*
*
*
*
*
*

Notizen

*
*
*
*
*
*
*

Woche 1

Woche 2

Woche 3

Woche 4

Woche 5

Übersicht

MONATSPLANER

Monat

Monatsziele

*
*
*
*
*
*
*

Termine

*
*
*
*
*
*
*

Veranstaltungen

*
*
*
*
*
*
*

Notizen

*
*
*
*
*
*
*

Woche 1

Woche 2

Woche 3

Woche 4

Woche 5

Übersicht

MONATSPLANER

Monat

Monatsziele

*
*
*
*
*
*
*

Termine

*
*
*
*
*
*
*

Veranstaltungen

*
*
*
*
*
*
*

Notizen

*
*
*
*
*
*
*

Woche 1

Woche 2

Woche 3

Woche 4

Woche 5

Übersicht

MONATSPLANER

Monat

Monatsziele

*
*
*
*
*
*
*

Termine

*
*
*
*
*
*
*

Veranstaltungen

*
*
*
*
*
*
*

Notizen

*
*
*
*
*
*
*

	Woche 1
	Woche 2
	Woche 3
	Woche 4
	Woche 5

Übersicht

MONATSPLANER

Monat

Monatsziele

*
*
*
*
*
*
*

Termine

*
*
*
*
*
*
*

Veranstaltungen

*
*
*
*
*
*
*

Notizen

*
*
*
*
*
*
*

Woche 1

Woche 2

Woche 3

Woche 4

Woche 5

Übersicht

MONATSPLANER

Monat

Monatsziele

*
*
*
*
*
*
*

Termine

*
*
*
*
*
*
*

Veranstaltungen

*
*
*
*
*
*
*

Notizen

*
*
*
*
*
*
*

Woche 1

Woche 2

Woche 3

Woche 4

Woche 5

Übersicht

MONATSPLANER

Monat

Monatsziele

*
*
*
*
*
*
*

Termine

*
*
*
*
*
*
*

Veranstaltungen

*
*
*
*
*
*
*

Notizen

*
*
*
*
*
*
*

Woche 1

Woche 2

Woche 3

Woche 4

Woche 5

Übersicht

MONATSPLANER

Monat

Monatsziele

*
*
*
*
*
*
*

Termine

*
*
*
*
*
*
*

Veranstaltungen

*
*
*
*
*
*
*

Notizen

*
*
*
*
*
*
*

Woche 1

Woche 2

Woche 3

Woche 4

Woche 5

Übersicht

MONATSPLANER

Monat

Monatsziele

*
*
*
*
*
*
*

Termine

*
*
*
*
*
*
*

Veranstaltungen

*
*
*
*
*
*
*

Notizen

*
*
*
*
*
*
*

Woche 1

Woche 2

Woche 3

Woche 4

Woche 5

Übersicht

MONATSPLANER

Monat

Monatsziele

*
*
*
*
*
*
*

Termine

*
*
*
*
*
*
*

Veranstaltungen

*
*
*
*
*
*
*

Notizen

*
*
*
*
*
*
*

Woche 1

Woche 2

Woche 3

Woche 4

Woche 5

Übersicht

MONATSPLANER

Monat

Monatsziele

*
*
*
*
*
*
*

Termine

*
*
*
*
*
*
*

Veranstaltungen

*
*
*
*
*
*
*

Notizen

*
*
*
*
*
*
*

Woche 1

Woche 2

Woche 3

Woche 4

Woche 5

Übersicht

MONATSPLANER

Monat

Monatsziele

*
*
*
*
*
*
*

Termine

*
*
*
*
*
*
*

Veranstaltungen

*
*
*
*
*
*
*

Notizen

*
*
*
*
*
*
*

Woche 1

Woche 2

Woche 3

Woche 4

Woche 5

Übersicht

MONATSPLANER

Monat

Monatsziele

*
*
*
*
*
*
*

Termine

*
*
*
*
*
*
*

Veranstaltungen

*
*
*
*
*
*
*

Notizen

*
*
*
*
*
*
*

Woche 1

Woche 2

Woche 3

Woche 4

Woche 5

Übersicht

MONATSPLANER

Monat

Monatsziele

*
*
*
*
*
*
*

Termine

*
*
*
*
*
*
*

Veranstaltungen

*
*
*
*
*
*
*

Notizen

*
*
*
*
*
*
*

Woche 1

Woche 2

Woche 3

Woche 4

Woche 5

Übersicht

MONATSPLANER

Monat

Monatsziele

*
*
*
*
*
*
*

Termine

*
*
*
*
*
*
*

Veranstaltungen

*
*
*
*
*
*
*

Notizen

*
*
*
*
*
*
*

Woche 1

Woche 2

Woche 3

Woche 4

Woche 5

Übersicht

MONATSPLANER

Monat

Monatsziele

*
*
*
*
*
*
*

Termine

*
*
*
*
*
*
*

Veranstaltungen

*
*
*
*
*
*
*

Notizen

*
*
*
*
*
*
*

Woche 1

Woche 2

Woche 3

Woche 4

Woche 5

Übersicht

MONATSPLANER

Monat

Monatsziele

*
*
*
*
*
*
*

Termine

*
*
*
*
*
*
*

Veranstaltungen

*
*
*
*
*
*
*

Notizen

*
*
*
*
*
*
*

Woche 1

Woche 2

Woche 3

Woche 4

Woche 5

Übersicht

MONATSPLANER

Monat

Monatsziele

*
*
*
*
*
*
*

Termine

*
*
*
*
*
*
*

Veranstaltungen

*
*
*
*
*
*
*

Notizen

*
*
*
*
*
*
*

Woche 1

Woche 2

Woche 3

Woche 4

Woche 5

Übersicht

MONATSPLANER

Monat

Monatsziele

*
*
*
*
*
*
*

Termine

*
*
*
*
*
*
*

Veranstaltungen

*
*
*
*
*
*
*

Notizen

*
*
*
*
*
*
*

Woche 1

Woche 2

Woche 3

Woche 4

Woche 5

Übersicht

MONATSPLANER

Monat

Monatsziele

*
*
*
*
*
*
*

Termine

*
*
*
*
*
*
*

Veranstaltungen

*
*
*
*
*
*
*

Notizen

*
*
*
*
*
*
*

Woche 1

Woche 2

Woche 3

Woche 4

Woche 5

Übersicht

MONATSPLANER

Monat

Monatsziele

*
*
*
*
*
*
*

Termine

*
*
*
*
*
*
*

Veranstaltungen

*
*
*
*
*
*
*

Notizen

*
*
*
*
*
*
*

Woche 1

Woche 2

Woche 3

Woche 4

Woche 5

Übersicht

MONATSPLANER

Monat

Monatsziele

*
*
*
*
*
*
*

Termine

*
*
*
*
*
*
*

Veranstaltungen

*
*
*
*
*
*
*

Notizen

*
*
*
*
*
*
*

Woche 1

Woche 2

Woche 3

Woche 4

Woche 5

Übersicht

MONATSPLANER

Monat

Monatsziele

*
*
*
*
*
*
*

Termine

*
*
*
*
*
*
*

Veranstaltungen

*
*
*
*
*
*
*

Notizen

*
*
*
*
*
*
*

Woche 1

Woche 2

Woche 3

Woche 4

Woche 5

Übersicht

MONATSPLANER

Monat

Monatsziele

*
*
*
*
*
*
*

Termine

*
*
*
*
*
*
*

Veranstaltungen

*
*
*
*
*
*
*

Notizen

*
*
*
*
*
*
*

Woche 1

Woche 2

Woche 3

Woche 4

Woche 5

Übersicht

MONATSPLANER

Monat

Monatsziele

*
*
*
*
*
*
*

Termine

*
*
*
*
*
*
*

Veranstaltungen

*
*
*
*
*
*
*

Notizen

*
*
*
*
*
*
*

Woche 1

Woche 2

Woche 3

Woche 4

Woche 5

Übersicht

MONATSPLANER

Monat

Monatsziele

*
*
*
*
*
*
*

Termine

*
*
*
*
*
*
*

Veranstaltungen

*
*
*
*
*
*
*

Notizen

*
*
*
*
*
*
*

Woche 1

Woche 2

Woche 3

Woche 4

Woche 5

Übersicht

MONATSPLANER

Monat

Monatsziele

*
*
*
*
*
*
*

Termine

*
*
*
*
*
*
*

Veranstaltungen

*
*
*
*
*
*
*

Notizen

*
*
*
*
*
*
*

Woche 1

Woche 2

Woche 3

Woche 4

Woche 5

Übersicht

MONATSPLANER

Monat

Monatsziele

*
*
*
*
*
*
*

Termine

*
*
*
*
*
*
*

Veranstaltungen

*
*
*
*
*
*
*

Notizen

*
*
*
*
*
*
*

Woche 1

Woche 2

Woche 3

Woche 4

Woche 5

Übersicht

MONATSPLANER

Monat

Monatsziele

*
*
*
*
*
*
*

Termine

*
*
*
*
*
*
*

Veranstaltungen

*
*
*
*
*
*
*

Notizen

*
*
*
*
*
*
*

Woche 1

Woche 2

Woche 3

Woche 4

Woche 5

Übersicht

MONATSPLANER

Monat

Monatsziele

*
*
*
*
*
*
*

Termine

*
*
*
*
*
*
*

Veranstaltungen

*
*
*
*
*
*
*

Notizen

*
*
*
*
*
*
*

Woche 1

Woche 2

Woche 3

Woche 4

Woche 5

Übersicht

MONATSPLANER

Monat

Monatsziele

*
*
*
*
*
*
*

Termine

*
*
*
*
*
*
*

Veranstaltungen

*
*
*
*
*
*
*

Notizen

*
*
*
*
*
*
*

Woche 1

Woche 2

Woche 3

Woche 4

Woche 5

Übersicht

MONATSPLANER

Monat

Monatsziele

*
*
*
*
*
*
*

Termine

*
*
*
*
*
*
*

Veranstaltungen

*
*
*
*
*
*
*

Notizen

*
*
*
*
*
*
*

Woche 1

Woche 2

Woche 3

Woche 4

Woche 5

Übersicht

MONATSPLANER

Monat

Monatsziele

*
*
*
*
*
*
*

Termine

*
*
*
*
*
*
*

Veranstaltungen

*
*
*
*
*
*
*

Notizen

*
*
*
*
*
*
*

Woche 1

Woche 2

Woche 3

Woche 4

Woche 5

Übersicht

MONATSPLANER

Monat

Monatsziele

*
*
*
*
*
*
*

Termine

*
*
*
*
*
*
*

Veranstaltungen

*
*
*
*
*
*
*

Notizen

*
*
*
*
*
*
*

Woche 1

Woche 2

Woche 3

Woche 4

Woche 5

Übersicht

MONATSPLANER

Monat

Monatsziele

*
*
*
*
*
*
*

Termine

*
*
*
*
*
*
*

Veranstaltungen

*
*
*
*
*
*
*

Notizen

*
*
*
*
*
*
*

Woche 1

Woche 2

Woche 3

Woche 4

Woche 5

Übersicht

MONATSPLANER

Monat

Monatsziele

*
*
*
*
*
*
*

Termine

*
*
*
*
*
*
*

Veranstaltungen

*
*
*
*
*
*
*

Notizen

*
*
*
*
*
*
*

Woche 1

Woche 2

Woche 3

Woche 4

Woche 5

Übersicht

MONATSPLANER

Monat

Monatsziele

*
*
*
*
*
*
*

Termine

*
*
*
*
*
*
*

Veranstaltungen

*
*
*
*
*
*
*

Notizen

*
*
*
*
*
*
*

Woche 1

Woche 2

Woche 3

Woche 4

Woche 5

Übersicht

MONATSPLANER

Monat

Monatsziele

*
*
*
*
*
*
*

Termine

*
*
*
*
*
*
*

Veranstaltungen

*
*
*
*
*
*
*

Notizen

*
*
*
*
*
*
*

Woche 1

Woche 2

Woche 3

Woche 4

Woche 5

Übersicht

MONATSPLANER

Monat

Monatsziele

*
*
*
*
*
*
*

Termine

*
*
*
*
*
*
*

Veranstaltungen

*
*
*
*
*
*
*

Notizen

*
*
*
*
*
*
*

Woche 1

Woche 2

Woche 3

Woche 4

Woche 5

Übersicht

MONATSPLANER

Monat

Monatsziele

*
*
*
*
*
*
*

Termine

*
*
*
*
*
*
*

Veranstaltungen

*
*
*
*
*
*
*

Notizen

*
*
*
*
*
*
*

Woche 1

Woche 2

Woche 3

Woche 4

Woche 5

Übersicht

MONATSPLANER

Monat

Monatsziele

*
*
*
*
*
*
*

Termine

*
*
*
*
*
*
*

Veranstaltungen

*
*
*
*
*
*
*

Notizen

*
*
*
*
*
*
*

Woche 1

Woche 2

Woche 3

Woche 4

Woche 5

Übersicht

MONATSPLANER

Monat

Monatsziele

*
*
*
*
*
*
*

Termine

*
*
*
*
*
*
*

Veranstaltungen

*
*
*
*
*
*
*

Notizen

*
*
*
*
*
*
*

Woche 1

Woche 2

Woche 3

Woche 4

Woche 5

Übersicht

MONATSPLANER

Monat

Monatsziele

*
*
*
*
*
*
*

Termine

*
*
*
*
*
*
*

Veranstaltungen

*
*
*
*
*
*
*

Notizen

*
*
*
*
*
*
*

Woche 1

Woche 2

Woche 3

Woche 4

Woche 5

Übersicht

MONATSPLANER

Monat

Monatsziele

*
*
*
*
*
*
*

Termine

*
*
*
*
*
*
*

Veranstaltungen

*
*
*
*
*
*
*

Notizen

*
*
*
*
*
*
*

Woche 1

Woche 2

Woche 3

Woche 4

Woche 5

Übersicht

MONATSPLANER

Monat

Monatsziele

*
*
*
*
*
*
*

Termine

*
*
*
*
*
*
*

Veranstaltungen

*
*
*
*
*
*
*

Notizen

*
*
*
*
*
*
*

Woche 1

Woche 2

Woche 3

Woche 4

Woche 5

Übersicht

MONATSPLANER

Monat

Monatsziele

*
*
*
*
*
*
*

Termine

*
*
*
*
*
*
*

Veranstaltungen

*
*
*
*
*
*
*

Notizen

*
*
*
*
*
*
*

Woche 1

Woche 2

Woche 3

Woche 4

Woche 5

Übersicht

MONATSPLANER

Monat

Monatsziele

*
*
*
*
*
*
*

Termine

*
*
*
*
*
*
*

Veranstaltungen

*
*
*
*
*
*
*

Notizen

*
*
*
*
*
*
*

Woche 1

Woche 2

Woche 3

Woche 4

Woche 5

Übersicht

MONATSPLANER

Monat

Monatsziele

*
*
*
*
*
*
*

Termine

*
*
*
*
*
*
*

Veranstaltungen

*
*
*
*
*
*
*

Notizen

*
*
*
*
*
*
*

Woche 1

Woche 2

Woche 3

Woche 4

Woche 5

Übersicht

MONATSPLANER

Monat

Monatsziele

*
*
*
*
*
*
*

Termine

*
*
*
*
*
*
*

Veranstaltungen

*
*
*
*
*
*
*

Notizen

*
*
*
*
*
*
*

Woche 1

Woche 2

Woche 3

Woche 4

Woche 5

Übersicht

MONATSPLANER

Monat

Monatsziele

*
*
*
*
*
*
*

Termine

*
*
*
*
*
*
*

Veranstaltungen

*
*
*
*
*
*
*

Notizen

*
*
*
*
*
*
*

Woche 1

Woche 2

Woche 3

Woche 4

Woche 5

Übersicht

MONATSPLANER

Monat

Monatsziele

*
*
*
*
*
*
*

Termine

*
*
*
*
*
*
*

Veranstaltungen

*
*
*
*
*
*
*

Notizen

*
*
*
*
*
*
*

Woche 1

Woche 2

Woche 3

Woche 4

Woche 5

Übersicht

MONATSPLANER

Monat

Monatsziele

*
*
*
*
*
*
*

Termine

*
*
*
*
*
*
*

Veranstaltungen

*
*
*
*
*
*
*

Notizen

*
*
*
*
*
*
*

Woche 1

Woche 2

Woche 3

Woche 4

Woche 5

Übersicht

Made in the USA
Monee, IL
04 November 2026

67384278R00069